**Thomas Kansuk**

# Métodos que o Gana pode adotar para tornar competitivas as energias renováveis modernas

**Thomas Kansuk**

# Métodos que o Gana pode adotar para tornar competitivas as energias renováveis modernas

**ScienciaScripts**

**Imprint**

Any brand names and product names mentioned in this book are subject to trademark, brand or patent protection and are trademarks or registered trademarks of their respective holders. The use of brand names, product names, common names, trade names, product descriptions etc. even without a particular marking in this work is in no way to be construed to mean that such names may be regarded as unrestricted in respect of trademark and brand protection legislation and could thus be used by anyone.

Cover image: www.ingimage.com

This book is a translation from the original published under ISBN 978-620-2-05550-5.

Publisher:
Sciencia Scripts
is a trademark of
Dodo Books Indian Ocean Ltd. and OmniScriptum S.R.L publishing group

120 High Road, East Finchley, London, N2 9ED, United Kingdom
Str. Armeneasca 28/1, office 1, Chisinau MD-2012, Republic of Moldova, Europe
Printed at: see last page
**ISBN: 978-620-7-91975-8**

Índice:

**DOCUMENTO SOBRE OS MÉTODOS CLÁSSICOS QUE O GANA PODE ADOPTAR PARA TORNAR AS SUAS FONTES DE ENERGIA RENOVÁVEIS MODERNAS ECONOMICAMENTE COMPETITIVAS EM RELAÇÃO AOS COMBUSTÍVEIS FÓSSEIS CONVENCIONAIS NUM MERCADO LIBERALIZADO.**

# RESUMO


O receio do esgotamento das fontes de energia convencionais, associado ao apelo a um planeta verde e limpo, torna imperativa a escolha de energias renováveis. As desvantagens económicas e de saúde decorrentes da utilização de combustíveis fósseis convencionais aumentaram o interesse crescente na procura de fontes de energia alternativas mais limpas a nível mundial. O Gana, um país em desenvolvimento, depende fortemente da lenha como fonte de combustível, contribuindo com cerca de 72% do fornecimento de energia primária, sendo o restante constituído por petróleo bruto e energia hidroelétrica. Este cenário não só coloca as reservas florestais em vias de esgotamento, como também expõe o sector energético do Gana a uma série de choques em resposta à volatilidade dos preços do petróleo bruto e ao crescente padrão errático de precipitação devido às alterações climáticas. O documento procura descobrir os esforços que o Gana tem feito até agora na sua tentativa de fornecer energia fiável, adequada e acessível a todos os consumidores e de informar a política.

Palavras-chave: Recursos de combustíveis fósseis, energias renováveis, custo da energia, qualidade institucional

# DEDICAÇÃO

Dedico este trabalho aos meus pais, Sr. e Sra. Fanam Kansuk Laar, pelo seu empenho inabalável em dar-me a melhor educação.

# **RECONHECIMENTO**

Esta obra não teria sido concluída sem as múltiplas bênçãos de Deus Todo-Poderoso. Ebenezer, até aqui me trouxe o Senhor. Um agradecimento especial ao governo do Gana, através do GETFund, que tornou possível o financiamento dos meus estudos. O corpo docente e o pessoal do CEPMLP - Universidade de Dundee, os Kansuks, o meu pastor no Gana Augustin Tungkungmen, cujo apoio espiritual e palavras de encorajamento me ajudaram a chegar até aqui. Sem esquecer os amigos que contribuíram de diversas formas, tanto na minha presença como, sobretudo, sem a minha ausência, para que este trabalho fosse um êxito.

# Capítulo 1

## 1.0 INTRODUÇÃO

A energia é vital para a nossa qualidade de vida: precisamos dela para o aquecimento, para os transportes e para alimentar as nossas casas e empresas. O nosso conforto e a nossa prosperidade dependem da segurança energética, pelo que esta é uma das principais prioridades da economia mundial. As fontes de energia são classificadas em termos gerais como renováveis e não renováveis.

Ao longo do último século, talvez nenhuma questão de atualidade tenha gerado tanta controvérsia a nível mundial como a da energia. Esta questão resulta do receio de que a produção e a utilização de fontes de energia convencionais, especialmente os combustíveis fósseis, não só causem danos irreversíveis ao nosso planeta através da combustão, como também estejam a caminho do esgotamento. Sabendo o terrível facto de que as fontes não renováveis acabarão por se esgotar, a importância das fontes renováveis não pode ser subestimada.

O sector energético mundial enfrenta uma série de desafios, incluindo a falta de acesso à rede eléctrica a preços acessíveis, a volatilidade dos preços do petróleo, o elevado custo inicial das tecnologias de energias renováveis, a falta de conhecimento generalizado da escala dos recursos energéticos renováveis, o aumento das emissões de gases com efeito de estufa, entre outros (AIE, 2002).

Embora a maioria dos desafios que os países em desenvolvimento enfrentam sejam semelhantes aos dos países industrializados (Sawin, 2004), as economias frágeis, a população crescente, os baixos investimentos e as fracas infra-estruturas energéticas, entre outros, agravam os desafios dos países em desenvolvimento.

Neste contexto, o presente documento analisa as políticas e os planos nacionais para promover um maior acesso aos serviços energéticos no Gana, com especial incidência na eletricidade e nas energias renováveis.

Uma população cada vez maior significa uma procura cada vez maior de energia. A volatilidade inerente aos preços do petróleo tem um efeito prejudicial nas economias mundiais, tanto para os importadores como para os exportadores de energia, sendo os países em desenvolvimento os mais afectados. Na ausência de recursos energéticos, será improvável realizar qualquer atividade produtiva significativa e, por conseguinte, é necessário explorar e desenvolver fontes de energia alternativas para satisfazer as necessidades energéticas mundiais em constante crescimento.

Para amortecer as suas economias dos choques que a volatilidade dos preços do petróleo transmite e para impulsionar os esforços em prol de uma sociedade com baixas emissões de carbono, muitos países, especialmente na Europa e na América do Norte e do Sul, aventuraram-se em fontes de energia renováveis, como a energia hidroelétrica, a energia eólica, a energia solar fotovoltaica, a energia geotérmica e a biomassa, como fontes alternativas de energia.

No entanto, continuam a existir barreiras à sua socialização no mercado, apesar das inúmeras oportunidades que estas energias renováveis oferecem. Muitos países, tanto desenvolvidos como em desenvolvimento, em todo o mundo já liberalizaram o seu sector energético ou encontram-se num período transitório. Num mercado liberalizado, a concorrência entre produtores é a base do negócio. No entanto, apenas os produtores com menores custos recebem o mérito. É óbvio que, neste mercado, a eletricidade produzida a partir de fontes renováveis não pode competir com a eletricidade produzida a partir de fontes convencionais. Isto deve-se ao facto de as tecnologias de energias renováveis serem frequentemente caras em comparação com outras centrais eléctricas, como as centrais de turbinas de ciclo combinado a gás natural ou as centrais a carvão.

Esta tendência pode também ser atribuída ao facto de grande parte dos subsídios governamentais à energia favorecerem as fontes de energia convencionais, dando-lhes assim sinais de preço errados (Berry & Jaccard, 2001). [1]Por exemplo, a Agência Internacional da Energia (AIE) calcula que, em 2009, vários governos gastaram um montante impressionante de 312 mil milhões de dólares só em subsídios aos combustíveis fósseis. A AIE estima ainda que, se a tendência atual se mantiver, esse montante poderá aumentar consideravelmente com o passar dos anos.

A tecnologia e os preços relativos dos produtos energéticos têm sido os factores constantes na história das grandes transições energéticas; primeiro da biomassa tradicional para o carvão e depois para o petróleo[2] . Talvez soe demasiado a desejo, mas com estas mesmas forças (ou seja, tecnologia e preços) apoiadas pelos investimentos necessários, as fontes de energia renováveis estarão em melhor posição para substituir o petróleo, uma vez que têm uma distribuição geográfica mais alargada e são mais amigas do ambiente do que os recursos de combustíveis fósseis.

---

[1] Aumento dos custos; subsídios aos combustíveis fósseis é volatilidade dos preços do petróleo. Uma entrevista com Amos Bromhead, da AIE.
[2] Economia da energia - as questões Capítulo 1

No mundo desenvolvido, as principais aplicações das energias renováveis são a produção de eletricidade a partir da energia eólica e da biomassa ligadas à rede eléctrica e da energia solar fotovoltaica descentralizada nos telhados e à distância. Os mercados mais comerciais continuam a ser o da energia solar fotovoltaica para estações de telecomunicações remotas e para serviços e sinalização rodoviária. Mas a energia eólica ligada à rede também atingiu a maioridade. A Alemanha detém atualmente mais de 30% das instalações de energia eólica a nível mundial, tal como a Espanha, a Dinamarca e os Estados Unidos, com vários outros países europeus também em expansão.

Prevê-se que o crescimento em todos estes países avance, talvez com a exceção da Dinamarca. A Alemanha e o Japão lideram o mercado da energia solar fotovoltaica em telhados domésticos, que atualmente conta com centenas de milhares de casas (Maycock, 2003). As histórias de sucesso destes países, acima mencionadas, no que diz respeito ao fornecimento de energia renovável, desmentiram a crença anterior de que as fontes de energia renováveis não são económicas e, portanto, não vale a pena investir nelas.

## 1.1 Vantagens das fontes renováveis

As energias renováveis modernas estão a mudar rapidamente a dinâmica do sector da energia devido a certas vantagens que apresentam. A sua taxa de penetração nos últimos tempos é um testemunho do facto de as RET poderem ser uma opção viável para a segurança energética mundial.

De acordo com a Agência Internacional da Energia, prevê-se que as temperaturas subam entre 4 e 6 graus Celsius até ao final do século, se o atual padrão de consumo não for controlado. Os combustíveis fósseis contêm doses significativas de carbono e dióxido de enxofre, que são os principais contribuintes para os gases com efeito de estufa. As fontes renováveis são, na sua maioria, fontes de energia isentas de carbono e não contribuem de forma alguma para os gases com efeito de estufa. Esta qualidade torna-as o melhor instrumento político a adotar na luta contra o aquecimento global.

Outro conforto associado às fontes de energia renováveis é o facto de não produzirem quaisquer emissões nocivas significativas que contribuam para a poluição atmosférica municipal. Possuem níveis controláveis de externalidades e contribuem menos para a poluição interior e exterior e para os seus efeitos em cadeia, como as doenças respiratórias. Uma mudança para as RET poupará ao governo enormes somas de dinheiro em doenças relacionadas com a poluição.

A produção de fontes de energia renováveis pode reforçar as actividades económicas nas zonas rurais e melhorar o desenvolvimento das infra-estruturas nessas zonas. Pode aumentar as oportunidades de emprego e, assim, reduzir a incidência da migração para as cidades em busca de trabalho. Isto deve-se ao facto de a maioria das culturas energéticas de que derivam o etanol e outras fontes de bioenergia serem frequentemente cultivadas nas zonas rurais, onde existem terras baratas. Oferecem muitas ligações a montante e a jusante que podem criar muitos postos de trabalho directos e indirectos para as populações rurais e ajudar a mantê-las nessas zonas.

As tecnologias de energias renováveis utilizadas para produzir eletricidade são flexíveis em termos de escala e de tipo de utilização. Podem ser exploradas localmente, utilizadas tanto para a produção de eletricidade centralizada como dispersa, e as fontes de energia utilizadas são endógenas. A energia renovável é fiável e abundante e será potencialmente muito barata, uma vez que esta tecnologia e a sua atual infraestrutura sejam melhoradas. Existem variações regionais tanto nos factores de capacidade como na variabilidade dos recursos disponíveis, pelo que a segurança do aprovisionamento em energias renováveis é específica de cada local. Diferentes tipos de tecnologias de energias renováveis contribuirão para aumentar a diversidade e a segurança do aprovisionamento das nossas fontes de energia. As fontes renováveis oferecem alternativas e eliminam a dependência exclusiva de uma única fonte de energia, que está preocupada com os seus riscos inerentes. Um país que depende exclusivamente dos combustíveis fósseis para satisfazer as suas necessidades energéticas é tão vulnerável como um pássaro sem asas. Em caso de subida de preços ou de pico petrolífero, esse país pode desmoronar-se completamente.

As energias renováveis também oferecem a melhor solução para satisfazer as necessidades energéticas de zonas dispersas e de difícil acesso, em comparação com as soluções ligadas à rede. As energias renováveis, como a energia solar fotovoltaica e a energia eólica, oferecem as melhores oportunidades para ligações fora da rede (IEA, 1998).

# Capítulo 2

## 2.0 REVISÃO DA LITERATURA

A AIE define o fornecimento de energia como "seguro" se for adequado, acessível e fiável. Os consumidores esperam que as luzes se acendam sempre com um simples toque no interrutor, que os seus edifícios sejam mantidos a uma temperatura confortável durante todo o ano e que possam comprar combustível para os seus veículos ou bilhetes para os transportes públicos sempre que desejem viajar sem grandes complicações. A eletricidade, o aquecimento e a mobilidade são geralmente considerados como necessidades básicas da vida e, por conseguinte, devem ser acessíveis a todos em qualquer altura.

A Comissão Europeia define a segurança energética no seu Livro Verde (CE, 2000) como a "disponibilidade física ininterrupta de produtos energéticos no mercado, a um preço acessível a todos os consumidores (privados e industriais)". O impacto destas ameaças geopolíticas na volatilidade do mercado da energia é agravado pela distribuição global desigual dos recursos de combustíveis fósseis. As reservas mundiais comprovadas de petróleo e de gás convencionais estão concentradas num pequeno número de países que, muitas vezes, estão sempre sujeitos a instabilidade política. Para tal, as energias renováveis tornam-se um parceiro fiável na nossa procura de segurança energética mundial.

De acordo com a Diretiva do Parlamento Europeu, entende-se por "fontes de energia renováveis" as fontes de energia não fósseis renováveis (energia eólica, solar, geotérmica, das ondas, das marés, hidráulica, biomassa, gás de aterro, gás de estações de tratamento de águas residuais e biogases); b) "biomassa": a fração biodegradável de produtos, resíduos e detritos provenientes da agricultura (incluindo substâncias vegetais e animais), da silvicultura e das indústrias conexas, bem como a fração biodegradável dos resíduos industriais e urbanos.[3]

Outro conjunto de literatura também define energia renovável como - Recursos naturais, mas de fluxo limitado, que podem ser reabastecidos. São virtualmente inesgotáveis em termos de duração, mas limitados na quantidade de energia disponível por unidade de tempo. Alguns (como a geotermia e a biomassa) podem ser limitados em termos de existências, na medida em que estas se esgotam com a utilização, mas a uma escala temporal de décadas ou talvez séculos, podem provavelmente ser repostas" (USEIA, 2004). As aplicações dos recursos renováveis abrangem a produção de energia a granel, a produção à vista, a produção distribuída, as tecnologias ligadas à rede e as tecnologias de gestão da procura (Ackom, 2004). Alguns países da UE excluíram a energia hidroelétrica de grande dimensão das fontes renováveis. Por exemplo, o Reino Unido excluiu a energia hidroelétrica >10MV. Os Países Baixos excluíram as pequenas centrais hidroeléctricas das fontes de energia renováveis. Embora as energias renováveis possam não ser capazes de substituir os combustíveis fósseis tradicionais a curto ou médio prazo a nível global (Georgescu-Roegen, 1986), os proponentes dos planos RPS afirmam que as restrições impostas pelos reguladores reduzirão as emissões nocivas e estimularão o crescimento do emprego, estimulando o investimento em tecnologias verdes.

---

[3] Diretiva 2001/77/CE do Parlamento Europeu e do Conselho, de 27 de setembro de 2001
Artigo 2,

# Capítulo 3

## 3.1 METODOLOGIA

O principal método de investigação utilizado neste documento foi um estudo documental da literatura existente e de outros dados de séries cronológicas já publicados. Os principais documentos analisados incluem as Estatísticas Nacionais de Energia (NES) publicadas pelo Ministério da Energia (MOE), bem como relatórios e outras publicações relevantes sobre as reformas do sector da energia no Gana. Além disso, os resultados de interacções pessoais com informadores-chave no sector da energia no Reino Unido foram incluídos como informação primária.

## 3.1 Foco da investigação

1. A evolução da energia no Gana

2. Compreensão das energias renováveis em termos gerais

3. Diferentes opções tecnológicas que se enquadram na definição de energia renovável, num país em desenvolvimento como o Gana

4. Medidas que podem ser adoptadas para tornar estas alternativas viáveis no Gana

## 4.1.1 Conclusões esperadas

O documento procura descobrir os esforços que o Gana tem feito até agora na sua tentativa de fornecer energia fiável, adequada e acessível a todos os consumidores e o que precisa de ser feito melhor. Para o efeito, tentar-se-á

1. Definir as diferentes tecnologias-chave das energias renováveis;

2. Ter uma apreciação alargada das potenciais aplicações das tecnologias de energias renováveis;

3. Compreender os pontos fortes e fracos das diferentes tecnologias de energias renováveis e, por conseguinte, ter uma melhor compreensão dos benefícios das energias renováveis;

4. Compreender as questões e os obstáculos que os projectos de energias renováveis enfrentam.

**4.1.2 Utilização dos resultados**

1. Ajudará a orientar os decisores políticos para saberem qual o domínio que necessita de mais atenção

2. Também orientará os investidores no seu processo de tomada de decisão

3. Também contribuirá para o acervo de conhecimentos

# Capítulo 4

## 4.0 PERFIL DO GANA

O Gana, localizado perto do Equador, tem uma área total de 238.540 km e está dividido em 10 regiões administrativas, sendo Accra a capital. Os dados compilados a partir dos questionários do Censo de 2010 revelaram uma população de 24.658.823. O número representa um aumento de 30,4 por cento em relação à população do censo de 2000, que era de 18.912.079. Os dados indicam ainda que a região mais populosa é Ashanti, com uma população de 4.780.280, representando 19,4% da população total do país, seguida da Grande Acra, com uma população de 4.010.054 (16,3%). As regiões menos populosas são o Alto Oeste, com 702.110 pessoas, que constitui 2,8% da população total, e o Alto Este, com 1.046.545 pessoas ou 4,2% da população do Gana. A densidade populacional aumentou de 79 pessoas por quilómetro quadrado em 2000 para 103 pessoas por quilómetro quadrado em 2010. O aumento da densidade populacional implica uma maior pressão sobre os equipamentos sociais, as infra-estruturas e outros recursos existentes no país (Serviço de Estatística do Gana, 2010).

Nas duas últimas décadas, o Gana conseguiu reduzir a percentagem da sua população que vive abaixo do limiar de pobreza. Em 1998/99, estima-se que 39,5% dos ganeses estavam abaixo do limiar de pobreza nacional. Em 2005/06, este número enorme diminuiu para 28,5%, o que ainda constitui mais de um quarto da população total. Embora o Gana esteja no bom caminho para atingir os seus Objectivos de Desenvolvimento Sustentável (ODS), a pobreza entre os seus agricultores de subsistência, em particular nas regiões do norte do país, continua a ser uma fonte de preocupação.

**Fig 1: MAPA DE GANA**

Fonte: Nações Unidas 2015

Um dos principais obstáculos ao crescimento económico do Gana é a falta
de fiabilidade e a inadequação do fornecimento de energia eléctrica. O país
tem 2.450 mega-watts (MW) de capacidade de produção instalada,
incluindo 546 MW de produção de produtores independentes de energia

(IPPs). Mas a disponibilidade efectiva mal ultrapassa os 2000 MW. Isto serve uma população de 25 milhões de habitantes que está a crescer a uma taxa de 2,1%. (Power Africa) Ver o quadro abaixo.

**Quadro 2: Capacidade instalada/disponível**

| PLANTAS | CAPACIDADE INSTALADA (MW) | CAPACIDADE FIÁVEL (MW) | CAPACIDADE DISPONÍVEL (MW) | TIPO DE COMBUSTÍVEL | DISPONIBILIDADE FACTOR (%) |
|---|---|---|---|---|---|
| AKOSOMBO GS | 1020 | 900 | 375 | ÁGUA | 100 |
| KPONG GS | 160 | 140 | 105 | ÁGUA | 72 |
| TAPCO (T1) | 330 | 300 | 300 | LCO/GÁS | 85 |
| TICO (T2) | 330 | 320 | 320 | LCO/GÁS | 85 |
| TT1PP | 110 | 100 | 100 | LCO/GÁS | 88 |
| TT2PP | 49.5 | 45 | 30 | GÁS | 85 |
| MRP | 80 | 70 | 40 | GÁS | 80 |

| | | | | | |
|---|---|---|---|---|---|
| TROJÃO | 20 | 18 | 18 | DIESEL/GÁS | 85 |
| VRA SOLAR PLANTA | 2.5 | 0 | 0 | LUZ DO SOL | 18 |
| SAPP | 200 | 180 | 180 | GÁS | 92 |
| CENIT | 110 | 100 | 100 | LCO/GÁS | 92 |
| BUI GS | 400 | 360 | 345 | ÁGUA | 85 |
| TOTAL | 2,812 | 2,533 | 1,895 | | |

Fonte: Comissão da Energia

## 4.1 Panorama da estrutura energética do Gana

O consumo total de energia do Gana foi de 10,13 milhões de toneladas de equivalente de petróleo (MTOE) em 2012, dos quais 0,4 MTOE consistiram em importações líquidas. O consumo total de energia primária no Gana foi de 0,4 toneladas de equivalente de petróleo (TOE) per capita em 2012, o que está entre os mais baixos do mundo e cerca de dois terços do consumo médio na África Subsariana - que se situou em 0,68 TOE per capita em 2012 (MoP, 2015).

O sector energético do Gana está fortemente dependente da biomassa e do petróleo, que representam cerca de 90% do abastecimento de energia primária do país. Juntamente com o petróleo e o gás, a energia hidroelétrica é uma das principais fontes de produção de eletricidade. A capacidade de produção do Gana é atualmente de cerca de 3 000 MW, dos quais 54% provêm da energia hidroelétrica, sendo os restantes essencialmente de produção térmica e com pouca contribuição das energias renováveis. A procura de eletricidade tem vindo a aumentar cerca de 10% por ano, no contexto do crescimento económico e dos programas de eletrificação rural em curso. Estima-se que a capacidade de produção terá de ser aumentada para cerca de 4.200 MW até 2026 para acompanhar o ritmo da procura (MoP, 2015).

Cerca de 70% da população do Gana tem acesso à eletricidade, o que constitui uma das taxas de ligação mais elevadas da África subsariana. Uma proporção considerável dos restantes 30% da população encontra-se em comunidades remotas e muitas vezes inacessíveis, incluindo ilhas e comunidades à beira de lagos. Para a maioria destas comunidades de difícil acesso, as soluções ligadas à rede seriam uma tarefa difícil devido a condicionalismos geográficos e financeiros. As opções fora da rede e as mini-redes podem ser a tecnologia preferida para satisfazer as suas necessidades de eletricidade.

A visão do sector energético do Gana é desenvolver uma "economia de energia" com serviços de energia fiáveis e de alta qualidade. Para alcançar esta visão, os objectivos da política energética nacional são (MoP, 2015):

□ Acesso universal à eletricidade até 2020, contra os actuais 70% (embora o acesso nas zonas rurais seja apenas de cerca de 40%);

☐ 5.000 MW de capacidade de produção até 2020

☐ 10% de contribuição das energias renováveis (excluindo as centrais hidroeléctricas com capacidade igual ou superior a 100 MW) no cabaz de produção de eletricidade até 2020; e

☐ Acesso ao gás de petróleo liquefeito (GPL) até 2020 para 50% da população.

### 4.1.1 O subsector das energias renováveis

As energias renováveis têm um grande potencial para contribuir para a realização dos ambiciosos objectivos da política nacional do sector energético do Gana de uma forma sustentável. O Ministério da Energia (MoP), agora sob a tutela do Ministério da Energia, supervisiona o sector da energia e é responsável pela formulação e implementação da política energética. Existem três direcções técnicas principais: i) a Direção de Produção e Transmissão; ii) a Direção de Distribuição; e iii) a Direção de Energias Renováveis e Alternativas (RAED).

Em conformidade com as disposições da Lei das Energias Renováveis 832, o Ministério da Economia criou a RAED, que tem o mandato de coordenar todos os esforços e gerir o desenvolvimento e a promoção das tecnologias das energias renováveis no Gana. A

O RAED supervisiona: i) a implementação de iniciativas de energias renováveis; ii) executa programas e projectos de energias renováveis iniciados pelo Estado, ou nos quais o Estado tem interesse; e iii) gere os activos do subsector das energias renováveis em nome do Estado.

## 4.1.2  Recursos de energia renovável do Gana

Os principais recursos de energia renovável no Gana são:

☐ Energia hidroelétrica de pequena/pequena e média capacidade;

☐ Energia solar;

☐ Energia eólica

☐ Biomassa e produção de energia a partir de resíduos;

☐ Energia das ondas e das marés.

## 4.2.0 Reforma do sector da energia no Gana

Após vários anos nas mãos do monopólio estatal, o sector da energia do Gana teve de lidar com um fornecimento de energia inadequado e irregular que se estendeu por mais de duas décadas. Esta situação foi basicamente causada pelo efeito da fraca pluviosidade num sector energético que dependia exclusivamente da energia hidroelétrica. Após a seca de 1983/4, que provocou dificuldades incalculáveis na economia, o Gana decidiu proteger a economia através de vários quadros políticos. Uma dessas medidas foi a liberalização do sector da energia, com o objetivo de diversificar as fontes de energia do país, retirando os direitos de monopólio absoluto à VRA e impondo a concorrência através da criação de uma lei que permite aos produtores independentes de energia (IPP) ter uma parte da carga nacional; uma medida destinada a aumentar a capacidade de produção de energia no Gana.

Consequentemente, foram criadas duas entidades reguladoras do sector, a

Comissão Reguladora dos Serviços Públicos (PURC) (vagamente referida como a entidade reguladora económica) ao abrigo da Lei Parlamentar 538 e a Comissão da Energia (EC) (vagamente referida como a entidade reguladora técnica) ao abrigo da Lei 541, e encarregadas de elaborar as regulamentações económica e técnica, respetivamente. Pouco depois desta reforma, a primeira IPP do país entrou no mercado em 2000[4]. Foi criada uma central térmica alimentada a gás e a petróleo bruto leve - Takoradi International Company (TICO) - para complementar os esforços do monopolista estatal Volta River Authority (VRA).

Para além deste feito histórico, a reforma prosseguiu lentamente e só em 2008 é que a VRA foi desagregada.[5] É de notar que a única IPP produz atualmente menos de 15% da carga total e, desde então, não se aventurou em fontes renováveis.

Após algumas décadas de reforma, o Gana continua a ser afetado por cortes de energia. A falta de fiabilidade dos padrões de precipitação, associada às grandes flutuações no fornecimento de gás e de crude, tornou as tecnologias hidroeléctricas e térmicas vulneráveis a falhas de energia.

***Figura 2: A estrutura do sector da energia do Gana em 2010***

---

[4] Preservação e reforço dos benefícios públicos no âmbito da reforma do sector da energia: o caso do Gana por Ishmael Edjekumhene etal
[5] http://www.gsb.uct.ac.za/files/Ghana.pdf

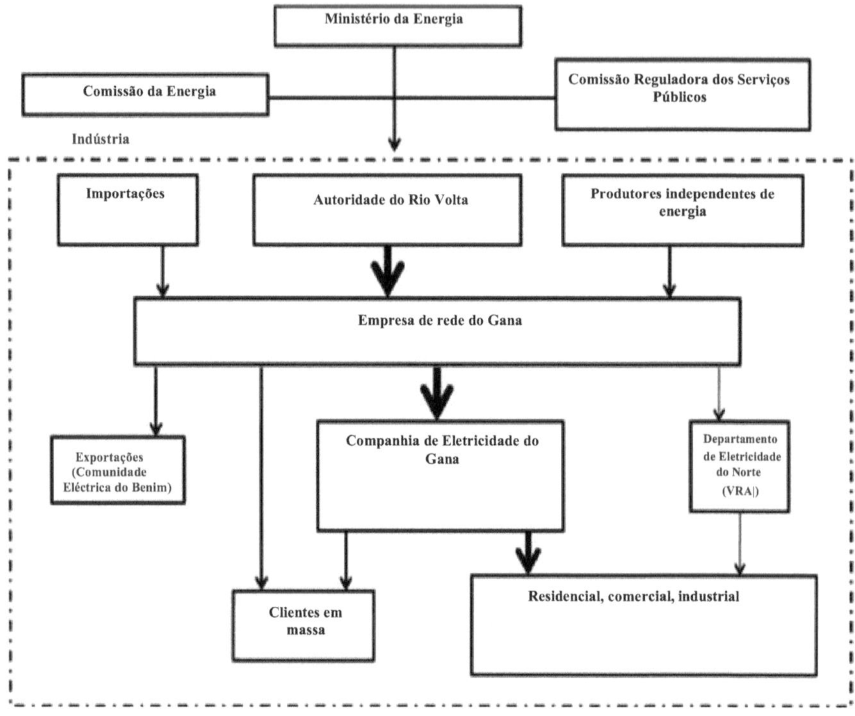


Fonte: Ministério da Energia, 2010

A eletricidade é uma moeda versátil que serve de pré-requisito para enfrentar quase todos os desafios ou oportunidades económicas e deve ser tratada com tato e sensibilidade. O aumento das capacidades e a instalação de novos geradores, embora estas tecnologias aparentemente pouco fiáveis, tornam o sector da energia menos fiável. A necessidade de explorar e aproveitar fontes de energia alternativas sustentáveis é a promessa de manter a energia no Gana. A Política de Desenvolvimento de Recursos (PDR) visa assegurar que as energias renováveis contribuam com um mínimo de 10% da eletricidade da rede até ao ano 2020 (MoE, 2006). Mas será que o Gana está a fazer o suficiente para atingir esse objetivo? O presente documento debruçar-se-á sobre esta questão.

O potencial de energias renováveis do Gana inclui a energia solar, a biomassa moderna, a energia eólica e as pequenas centrais hidroeléctricas (RGREG, 2002). O país recebe uma radiação solar média de cerca de 4-6 kWh/m2/dia e uma duração de sol de 1.800 a 3.000 horas por ano (Akuffo, 1991). No entanto, a radiação solar no Gana é uma função da localização geográfica, com uma intensidade crescente à medida que se avança para norte.

Os estudos de avaliação dos recursos eólicos efectuados no Gana também colocaram o país numa posição de vantagem competitiva, com uma velocidade média anual do vento ao longo da costa que varia entre 4m/s e 6m/s. Os recursos modernos de biomassa no Gana são os resíduos de serração, os resíduos agrícolas, os resíduos animais, os resíduos municipais e as culturas energéticas. Destes, os resíduos de serração e as culturas energéticas são os mais prometedores para fins energéticos. No Gana, as aplicações comprovadas das tecnologias baseadas na biomassa são a co-geração, a produção de biogás a partir da digestão anaeróbica de resíduos e a produção de biodiesel.[6]

O potencial de pequenas/mini hídricas do Gana foi avaliado em cerca de 10 MW (NRES, 2002). No entanto, a quota-parte destas tecnologias modernas de energias renováveis (eólica, solar fotovoltaica, hidroelétrica inferior a 100 MW, biocombustível) para a eletricidade é ainda muito insignificante (<0,1%) MoE, 2011.

---

[6] Francis Kemausuor etal, A review of trends, policies and plans for increasing energy access in Ghana (Uma análise das tendências, políticas e planos para aumentar o acesso à energia no Gana)

Embora o Gana seja rico em recursos energéticos renováveis, a sua exploração tem sido, até à data, mínima. As potencialidades do Gana em matéria de energias renováveis são enormes, mas também inexploradas. A utilização da energia solar, sobretudo para a produção de eletricidade fotovoltaica, e, em certa medida, a secagem solar das colheitas e o aquecimento da água têm tido alguma utilização ao longo dos anos. A capacidade total instalada de sistemas fotovoltaicos foi estimada em 1 megawatt-pico (MWp) no final de 2002. A biomassa moderna tem sido explorada apenas de forma muito limitada, dado o seu potencial, enquanto o potencial eólico e das pequenas centrais hidroeléctricas continua por explorar (Berry & Jaccard, 2001) e (Edjekumhene & etal, 2006).

# Capítulo 5

## 5. APLICAÇÕES DAS ENERGIAS RENOVÁVEIS

As aplicações das energias renováveis são classificadas em termos gerais como "dentro da rede" e "fora da rede". Uma rede é basicamente uma integração do sistema de produção, transmissão e distribuição que fornece energia aos utilizadores finais. Na rede e fora da rede são os termos que descrevem os meios através dos quais a eletricidade é fornecida. A rede diz respeito às centrais eléctricas que estão diretamente ligadas às redes, como os parques eólicos e os painéis solares. As aplicações fora da rede ou autónomas servem apenas uma carga, como uma pequena casa ou uma casa de aldeia. As aplicações fora da rede podem assumir muitas formas, desde módulos fotovoltaicos (PV) para uma casa de aldeia individual até moinhos de vento centralizados para alimentar uma bomba de água da aldeia ou uma instalação comercial de carregamento de baterias. Estas soluções fora da rede são geralmente melhores para áreas remotas ou de difícil acesso. Uma aplicação importante na rede é a produção de eletricidade em grandes quantidades.

A aplicação mais importante da energia eólica é a turbina eólica. A turbina eólica pode converter a energia do vento em energia mecânica que é alimentada num gerador para produzir eletricidade para os consumidores. A energia eólica também pode ser utilizada em veículos movidos a vento. Isto pode poupar muito combustível e aumentar o desempenho e a eficiência.

A energia solar pode ser utilizada para alimentar painéis fotovoltaicos para gerar eletricidade, que são mais adequados para consumidores de pequena escala, especialmente em zonas rurais e remotas, onde as linhas de transmissão não conseguem chegar. Devido à sua baixa necessidade de operação e manutenção e à sua elevada fiabilidade, são ideais para utilização em locais isolados e distantes. Os escritórios podem utilizar módulos fotovoltaicos de vidro para um fornecimento fiável de eletricidade. A energia solar é também amplamente utilizada em aquecedores solares de água, calculadoras solares e luzes solares. Funcionam com base no princípio de armazenar a energia do sol durante o dia e de a utilizar durante a noite.

A biomassa sólida, como os resíduos de culturas, pode ser queimada em incineradores para produzir calor que pode ser utilizado para produzir vapor para a produção de eletricidade. A biomassa também pode ser transformada em biocombustíveis, como o etanol, para as necessidades de transporte (Shahzad, 2012).

Uma aplicação muito utilizada da energia hidroelétrica é num compressor. Os compressores especialmente concebidos podem ser utilizados para ajustar as pás da turbina e as válvulas reguladoras. Podem também ser utilizados para soprar a água para eliminar a carga durante o arranque.

## 5.1 Desafios ao desenvolvimento das energias renováveis no Gana

A África dispõe de importantes recursos energéticos novos e renováveis, a maior parte dos quais estão subexplorados. Tal como a maioria das outras economias em desenvolvimento, o Gana ainda não registou uma grande penetração das tecnologias modernas de energias renováveis no seu cabaz energético. As grandes centrais hidroeléctricas e a energia térmica continuam a representar a maior parte do cabaz de energia primária. Este fracasso político deve-se a uma série de razões.

Talvez o desafio mais fundamental para a implantação das energias renováveis seja o custo associado à produção de eletricidade a partir de fontes renováveis.[7] Os produtores e consumidores de energia procuram as fontes de energia mais baratas disponíveis, e os combustíveis fósseis têm historicamente oferecido esta oportunidade, quer através da combustão para utilização final, quer através da produção de eletricidade (Berry & Jaccard, 2001). Esta diferenciação de custos torna difícil para as energias renováveis competir favoravelmente com os combustíveis fósseis convencionais, uma vez que tanto os produtores como os utilizadores finais estão conscientes dos custos. Por exemplo, durante a minha visita ao parque eólico de Whitley, situado em Glasgow, no Reino Unido, que é um dos maiores parques eólicos do mundo, o custo estimado de cada moinho de vento é de 2,2 milhões de libras esterlinas, que gera 2,3 MW de eletricidade[8] . Trata-se de um investimento bastante elevado que pode dissuadir os produtores de se aventurarem na energia eólica.

---

[7] U.S. Renewable Electricity Generation: Resources and Challenges, de Philip Brown e Gene Whitney, 20111
[8] Uma visita ao parque eólico de Whitley, em Glasgow

Fonte: Uma fotografia tirada durante a visita do autor ao parque eólico de Whitley, em Glasgow

Outro obstáculo é o facto de a ligação das instalações de produção de eletricidade a partir de fontes renováveis à rede eléctrica poder suscitar potenciais problemas técnicos. Em particular, uma elevada percentagem de penetração de fontes variáveis - como a solar e a eólica - pode causar graves problemas de qualidade e fiabilidade da energia. O sistema elétrico exige uma monitorização e um controlo constantes, 24 horas por dia, 7 dias por semana, ao minuto. A introdução da produção variável de eletricidade pode colocar desafios à fiabilidade do sistema de energia no que respeita ao equilíbrio entre a oferta e a procura de eletricidade. Um estudo recente da Agência Internacional da Energia (AIE) indica que muitos dos sistemas eléctricos actuais dispõem de infra-estruturas e processos para gerir um certo grau de variabilidade e que estes activos existentes poderiam ser potencialmente utilizados para gerir recursos variáveis de energias renováveis. No entanto, nem todas as fontes renováveis de eletricidade são classificadas como variáveis. A biomassa, a geotermia e algumas fontes de energia hidroelétrica têm a capacidade de produzir eletricidade de forma consistente e previsível. Consequentemente, a integração destas fontes renováveis no sistema elétrico pode não ser difícil (Brown & Whitney, 2011)[9]

Algumas fontes de energia renováveis são intermitentes por natureza. A sua disponibilidade depende do comportamento das condições climatéricas. A energia geotérmica e a biomassa podem ser fornecidas de forma contínua ao longo do tempo. No entanto, a energia eólica só pode ser utilizada quando o vento sopra, a energia solar só pode ser utilizada quando o sol brilha e alguma energia hidroelétrica só pode ser utilizada quando há água

---

[9] U.S. Renewable Electricity Generation: Resources and Challenges por Philip Brown e Gene Whitney, 2011

disponível para passar pelas turbinas, pelo que a produção de energia destas fontes varia ao longo de um período de minutos, horas, dias ou meses.

Além disso, a velocidade do vento pode variar num período de segundos, minutos ou horas, e a energia solar pode variar com a cobertura de nuvens num período de minutos ou horas. Este carácter intermitente e variável das energias renováveis contrasta com a energia fóssil e nuclear

centrais eléctricas, que produzem eletricidade de forma contínua e uniforme, exceto em períodos de manutenção, interrupções no fornecimento de combustível, problemas operacionais ou catástrofes naturais.

A história de sucesso do desenvolvimento do gás de xisto nos Estados Unidos, que se espera que seja replicado noutros locais, como a Europa, aumentou ainda mais os níveis de capacidade sustentável dos combustíveis fósseis e incentivou mais o seu consumo do que a tentativa de mudar para fontes de combustível alternativas. Esta situação deu a esperança de que o recurso ainda está longe de se esgotar e, por conseguinte, não é necessário investir em combustíveis não económicos"

Além disso, as culturas energéticas podem competir com as culturas alimentares de base por espaço e investimentos, aumentando assim os níveis de risco alimentar. Culturas como a mandioca são uma das principais culturas alimentares de base em África e noutras partes do mundo. A sua produção comercial para fins energéticos poderia reduzir o consumo e fazer descarrilar a sorte de outras culturas alimentares de base. Mas este argumento só é válido para países onde quase todas as terras desocupadas estão a ser cultivadas.

Outras preocupações ambientais, como a segurança da vida selvagem, são outras questões preocupantes. É necessário desbravar uma grande área florestal para permitir a livre circulação do vento. As aves são sempre apanhadas mortas pelas pás giratórias. Além disso, os projectos hidroeléctricos, como as barragens de Bui e Akosombo, reclamaram vários milhares de hectares de floresta e de terras aráveis e provocaram a deslocação de muitas povoações.

# Capítulo 6

## 6.1 MÉTODOS PARA PAGAR OS ELEVADOS CUSTOS DAS ENERGIAS RENOVÁVEIS

Para além destes desafios, a utilização das energias renováveis apresenta enormes perspectivas que devem atrair a atenção dos decisores políticos e de outros intervenientes no sector da energia. Existem diferentes métodos clássicos que podem ser utilizados para colocar as energias renováveis em condições de igualdade. Estes métodos podem ser divididos em duas categorias: o método baseado no preço, que se centra basicamente no sistema de tarifas de aquisição, e o método baseado na quantidade, que inclui o sistema de concursos e os certificados verdes negociáveis. Embora todos estes sistemas garantam o preço e a quantidade de utilização de energias renováveis, no método baseado no preço o governo concentra-se no preço e determina o preço fixo da eletricidade renovável. No método baseado na quantidade, o governo pré-determina uma certa quantidade de energia renovável como uma percentagem da carga produzida pelos geradores.[10] O investimento em tecnologias de energias renováveis tem, a curto prazo, um custo inicial elevado, mas tem benefícios duradouros a longo prazo. Deixados à mercê do mercado, os produtores não investirão naturalmente em fontes de energia renováveis até serem obrigados a fazê-lo. Isto deve-se ao custo associado ao investimento em fontes de energia renováveis. Este facto deve-se ao custo associado às tecnologias renováveis.

---

[10] Mohsen Borhani, How Can Higher Cost Renewables Be Paid For In A Liberalised Electricity Market?

## 6.2 Métodos baseados na quantidade.

Renewable Portfolio Standard (RPS) é uma estratégia promocional baseada na energia verde, orientada para o aumento da produção de energia renovável através de uma abordagem rentável, baseada no mercado e administrativamente eficiente. Tem a sua origem no Protocolo de Quioto de 1997. Está contido no Projeto de Lei do Senado da Califórnia n.º 1078, assinado em 12 de dezembro de 2002, e a União Europeia (UE) emitiu uma diretiva em 2001 sobre a promoção da energia proveniente de FER[11] . Um RPS solicita aos serviços de eletricidade e a outros fornecedores de eletricidade a retalho que forneçam uma quantidade mínima declarada da carga total do cliente com eletricidade proveniente de fontes de energia renováveis elegíveis. O RPS foi concebido para incentivar o desenvolvimento do mercado e da tecnologia, de modo a que, em última análise, a energia verde seja economicamente competitiva com as formas convencionais de energia eléctrica.[12]

## Fig. 2: Ilustração de um sistema de FER baseado na quantidade

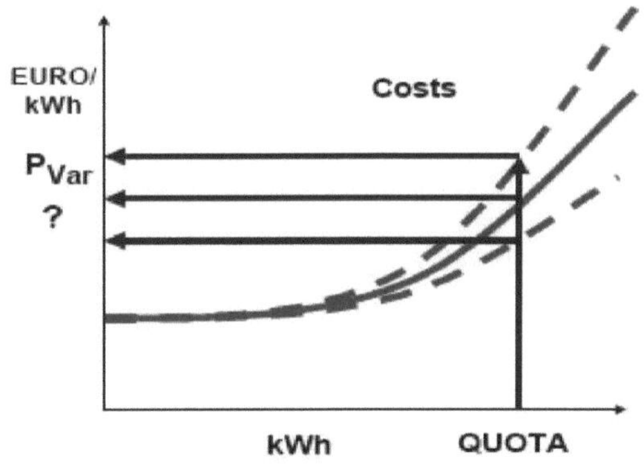


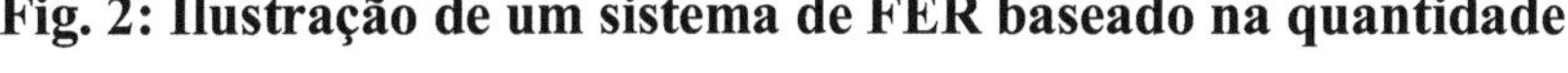

---

[11] Diretiva 2001/77/CE da UE relativa à promoção da eletricidade produzida a partir de fontes de energia renováveis no mercado interno

[12] Robert Bryce The High Cost Of Renewable-Electricity Mandates Senior Fellow, Manhattan Institute for policy research.

Fonte: Hass, R., et al, (2004)

Envolve a propriedade de uma instalação de energias renováveis e a sua produção, a aquisição de Certificados de Energias Renováveis (REC) e a compra de eletricidade de uma instalação renovável com todos os atributos renováveis incorporados. A autoridade pública fixa o nível desejado de produção de cada fonte e também determina a taxa de crescimento da produção em cada ano. É semelhante à Obrigação de Renováveis (RO) praticada no Reino Unido. Ao adotar uma estratégia semelhante, o Gana poderá beneficiar enormemente do seu vasto potencial de energias renováveis. No caso do Gana, existem dois organismos reguladores no sector da energia: a Comissão da Energia (CE) e a Comissão Reguladora dos Serviços Públicos (PURC), também designadas por reguladores técnicos e económicos, respetivamente. Enquanto a PURC, nos termos da lei, tem o papel de promover a concorrência para atrair as IPP, a CE é responsável pelo licenciamento e pela definição das normas de funcionamento. A CE pode estabelecer a Obrigação Renovável como norma para o licenciamento de IPPs que se aventuram no sector da energia. Quando um produtor de energia excede o requisito mínimo, deve ser prevista a possibilidade de os produtores trocarem certificados entre si para eliminar os excessos. Para aqueles que não cumprem a obrigação, poderiam ser previstas sanções, incluindo a revogação das licenças para os infractores habituais.

Outro instrumento poderoso com que o Estado pode contar é a promoção da investigação, do desenvolvimento e da implantação de fontes de energia renováveis elegíveis e eficientes. O Estado pode conseguir este objetivo através de incentivos, como o financiamento de instituições académicas e de outras instituições de investigação que tenham potencial para desenvolver tecnologias de energia verde.

## 6.3 Método baseado no preço

Com base no sistema de tarifas de alimentação (FTS), é garantido pelo Estado um preço mínimo por kWh para a eletricidade renovável produzida a partir de tecnologias renováveis elegíveis. Este preço fixo deve ser determinado com base em componentes específicos de cada tecnologia no que respeita aos custos de produção e à previsão de diminuição desses custos ao longo do tempo. O segundo fator são os custos externos evitados e os custos que surgiriam se os produtores de eletricidade-FRE não existissem, por exemplo, em Portugal. Por outras palavras, os custos (externalidades) que foram internalizados devido à promoção das FER, tais como a instalação de centrais convencionais, os seus custos de funcionamento e os custos de emissão de

O CO2 deve ser tomado em consideração no estabelecimento do nível da tarifa de apoio às FER. Este preço é pago aos produtores renováveis elegíveis. A lei determina os produtores de energias renováveis e as fontes renováveis que são elegíveis para receber este subsídio. Este método de preço é fornecido para que os investidores tenham a garantia de mercado para os seus investimentos em fontes renováveis. O Estado obriga os serviços de eletricidade a comprar energia renovável para utilização nas instalações da sua localidade a uma tarifa específica fixada pelos reguladores durante um determinado período de tempo.

**Fig 3: uma ilustração do sistema de FER baseado no preço**

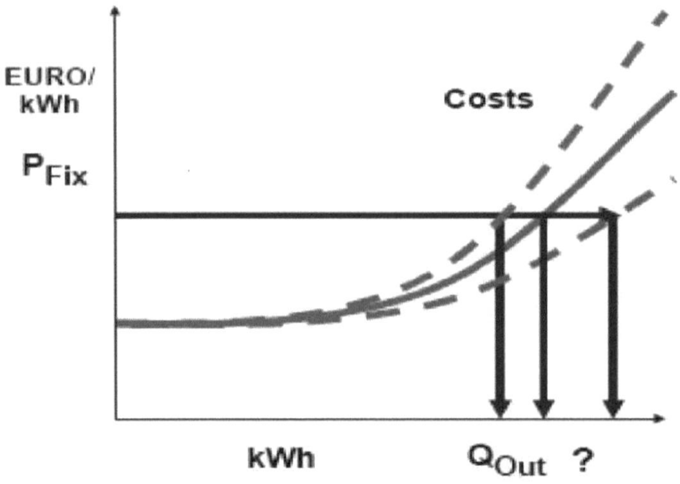


Fonte: Hass, R etal

O STF pode basear-se no custo de oportunidade dos produtores não renováveis ou no preço final suportado pelos utilizadores finais, para além do prémio devido às vantagens ambientais que estas fontes renováveis oferecem. A motivação para a eficácia deste sistema é o facto de o STF proporcionar um elevado nível de certeza para que as IPP invistam na produção de energia verde, dando-lhes um preço mínimo garantido por kWh de eletricidade. No entanto, esta garantia pode ser dada a curto ou médio prazo, mas a longo prazo pode não ser economicamente prudente porque impõe despesas incalculáveis ao Estado, o que não é compatível com as exigências de um mercado liberalizado. Embora o funcionamento administrativo das Estatísticas do Comércio Externo seja muito simples, existem também algumas desvantagens. Uma das razões é que o sistema não é eficiente em termos de custos e não resulta numa redução dos mesmos. O sistema não incentiva as inovações por parte dos fornecedores de serviços públicos em matéria de tecnologias renováveis a um custo reduzido. A principal razão é que as FTS são governadas e controladas pelo governo e as autoridades não têm conhecimento suficiente do preço da produção de eletricidade renovável a partir de diferentes fontes e os preços fixos estabelecidos pelo regulador podem não ser económicos. No âmbito das FTS, também não existe concorrência entre os produtores de eletricidade renovável ou entre os produtores de eletricidade renovável e não renovável. No entanto, o sistema produziu resultados notáveis, especialmente nos EUA e na UE, dando origem a um aumento da produção e utilização de energia verde e reforçando o futuro das fontes renováveis.

O Estado pode também utilizar outros instrumentos económicos e fiscais para favorecer a utilização de tecnologias de energia verde. Os subsídios e as reduções fiscais para os factores de produção importados destinados às tecnologias de energias renováveis poderiam ser bem aplicados para incentivar a sua produção e utilização. Ao mesmo tempo, a retirada dos subsídios às fontes de energia prejudiciais ao ambiente, como os combustíveis fósseis, deve ser incentivada para limitar o seu consumo. Por exemplo, em 1999, houve uma redução dos direitos de importação de painéis solares fotovoltaicos de 27% para 5% (RDREG, 2002). O governo pode considerar a possibilidade de abolir completamente os direitos de importação para incentivar

# CONCLUSÃO

O documento começou por analisar as reformas no sector energético do Gana e a parte das energias renováveis modernas no cabaz energético nacional. Ficou claro que não se pode confiar plenamente nas tecnologias actuais (grandes centrais hidroeléctricas e térmicas) que constituem a espinha dorsal do sistema energético nacional, devido a certos riscos específicos que lhes são inerentes. O documento estabelece igualmente que, tendo em conta estes riscos e as perspectivas das energias renováveis, vale a pena investir nas tecnologias de energia verde, uma vez que estas têm uma distribuição geográfica mais vasta, são respeitadoras do ambiente, criam muitos postos de trabalho para as populações rurais e urbanas e oferecem melhores opções para um aprovisionamento energético seguro do que as fontes convencionais. As fontes de energia renováveis (FER) são normalmente recursos endógenos e podem reduzir a dependência das importações de energia. As FER estão amplamente distribuídas (embora de forma desigual) e a sua utilização para a produção de eletricidade pode minimizar as perdas e os custos de transmissão quando estão localizadas perto da carga de procura dos utilizadores finais: a chamada produção "distribuída". No entanto, o custo inicial e as tecnologias necessárias para a sua produção são frequentemente elevados em comparação com as fontes convencionais, daí a necessidade da intervenção do Estado. O Estado pode conseguir este objetivo através do método baseado no preço ou do método baseado na quantidade.

As tecnologias das energias renováveis têm um papel importante a desempenhar no sector energético do Gana. Com a abordagem correcta, a indústria das energias renováveis no Gana e, aliás, em África, pode tornar-se uma fortaleza no sector da energia e satisfazer as necessidades energéticas de uma parte significativa da população, poupando ao mesmo tempo o país a uma enorme fatura de importação. É muito importante que haja uma vontade política agressiva e políticas economicamente sólidas a favor das energias renováveis no cabaz energético nacional.

As energias renováveis têm potencial para desempenhar papéis complementares às tecnologias energéticas convencionais de grande escala. Por exemplo, as RET podem ser alternativas importantes para a produção de energia em muitos países propensos à seca, quando o sector da eletricidade convencional (em grande parte baseado na energia hídrica) apresenta défices.

# Referências


Ackom, E. (2004). *Biofuel for Rural Sustainable Development in drought prone Africa. Um modelo de desenvolvimento colaborativo. Documento apresentado no Congresso Mundial de Energias Renováveis, Denver, Colorado, em Actas da Conferência 8° Congresso Mundial de Energias Renováveis (28-08-04 a 03-04.* Denver: Elsevier.

Akuffo, F. (1991). *Solar and Wind Energy Resources Assessment-Preliminary Data Analysis and Evaluation, Final Report Volume 2,.* Accra: Ministério da Energia, Gana.

Berry, T., & Jaccard, M. (2001). *The Renewable Portfolio Standard: Design Considerations and an Implementation Survey. Política Energética 29(2001) 263277. .* Elsevier.

Brown, P., & Whitney, G. (2011). U.S. Renewable Electricity Generation: Resources and Challenges. *Serviço de Investigação do Congresso.*

Edjekumhene, I., & etal. (2006). *Ghana: Sector Reform and the Pattern of the Poor Energy Use and Supply.* KITE.

Georgescu-Roegen, N. (1986). Energy Analysis and Economic Valuation. Jornal Económico do Sul. *Jornal Económico do Sul,* 12:3-26.

Serviço de Estatística do Gana. (2010). *RECENSEAMENTO DA POPULAÇÃO E DA HABITAÇÃO DE 2010.* Accra: GSS.

AIE. (2002). World energy outlook. Paris: Agência Internacional da Energia. *World energy outlook.*

Maycock, P. (2003). *Atualização do mercado fotovoltaico; Renewable Energy World.*

MdP. (2015). *Visão geral do sector energético do Gana.* Accra: Ministério da Energia.

Power Africa. (n.d.). *USAID.* Recuperado em 24 de setembro de 2017, do site da USAID: https://www.usaid.gov/sites/default/files/documents/1860/Ghana %20Cou ntry%20Fact%20Sheet__04_01_15_Final.pdf

Sawin, J. (2004). Instrumentos de política nacional: lições de política para o avanço e a difusão de tecnologias de energia renovável em todo o mundo. In: ThematicBackground Paper, Conferência Internacional sobre Energias Renováveis.

Shahzad, U. (2012). A necessidade de fontes de energia renováveis. *Tecnologia da Informação e Engenharia Eléctrica.*

# Outras obras citadas


*Akuffo, F.O. 1998. The Solar Service Centre: An Innovation Strategy for Diffusing Renewable Energy Technologies in Rural Ghana, AFRENPEN/UNESCO Energy RETs Regional Workshop, Quénia, 7-10$^{th}$ Sept.*

*Akuffo, F.O. 1998. "Options for Meeting Ghana's Future Power Needs:Fontes de energia renováveis "*
*CE. 1997. Lei da Comissão da Energia. Lei 541 de 1997. In Implementation of Renewable Energy Technologies-Opportunities and Barriers" KITE. 2002. Country Study Ghana.*

*AIE. Energia Benigna? The Environmental Implication of Renewables. Organização para a Cooperação e Desenvolvimento Económico.*

*Georgescu-Roegen N. 1986. Energy Analysis and Economic Valuation. Jornal Económico do Sul 12:3-26*

*Hass, R., et al, How to promote renewable energy system successfully and effectively, J.En.Po., 32(2004) 833-839, Po.*

*KITE. 2002. Implementation of Renewable Energy Technologies-Opportunities and Barriers. Ghana Country Study.*

*Rowlands, I., The European directive on renewable electricity: conflicts and compromises, J. En. Po. 33(2005) P 965-974*

*Oteng Adjei J. 2000. 'The Role of Renewable Energy in National Electrification Scheme', Documento de Convite Apresentado no*

*Workshop das Partes Interessadas em Energias Renováveis da DANAIDA, Accra, 15-17th agosto.*

*Lei de Regulamentação dos Serviços Públicos. 1997. Lei 538. Implementation of Renewable Energy Sources, Opportunities and Barriers (Implementação de fontes de energia renováveis, oportunidades e barreiras). Ghana Country Study (KITE, 2002). Ghana.*

*RDREG. 2002. Road map for the Development of Renewable Energy in Ghana, novembro de 2002. Primeira edição. Estratégia Nacional para as Energias Renováveis.*

*William, Gboney. Policy and Regulatory Framework for Renewable Energy and Energy Efficiency Development in Ghana, Grupo de Investigação sobre Política de Eletricidade da Universidade de Cambridge.*

*Comissão da Energia. Análise da energia. Jornal Oficial da Comissão de Energia do Gana 2004; (novembro-dezembro).*

*CEDEAO. Livro Branco para uma política regional orientada para o aumento do acesso aos serviços energéticos para as populações rurais e peri-urbanas, a fim de alcançar os Objectivos de Desenvolvimento do Milénio, apoiado pelo PNUD e pelo Ministério dos Negócios Estrangeiros francês; 2005.*

*Serviço de Estatística do Gana. Relatório do inquérito ao questionário sobre os principais indicadores de bem-estar do*

Gana 2003 (CWIQ II). Accra, Gana: Serviço de Estatística do Gana; 2005.

PNUD Gana. Liquefied petroleum gas (LPG) substitution for wood fuel in Ghana-opportunities and challenges. Accra: PNUD Gana; 2004.

Botchway FN. The state, government and the energy industry in Ghana. VerfassungundRecht in Ubersee, Baden-Baden 2000;33:135-211.

Abakah E. Uma análise do crescimento económico e do consumo de energia num país em desenvolvimento: Ghana. OPEC Review, Oxford 1993;17(1):47-61.

Akuffo FO. Eletricidade para todos no Gana: quando e como? Documento apresentado nas John Turkson Memorial Lectures on Energy. 2009.

Serviço de Estatística do Gana. Pattern and trends ofpoverty in Ghana (1991-2006).

Accra, Gana: Serviço de Estatística do Gana; 2007.

Ministério da Energia. Plano de Ação para a Redução da Pobreza no Gana. Um plano de ação

abordagem para a prestação de serviços energéticos modernos aos pobres. Accra, Gana: Ministério da Energia; 2006.

# Sobre o autor

Thomas T Kansuk é um investigador multidisciplinar que possui um mestrado em estudos energéticos com especialização em economia do petróleo e do gás do Centro de Direito e Política da Energia, do Petróleo e dos Minerais (CEPMLP), da Universidade de Dundee, Escócia, Reino Unido, e um bacharelato em estudos de desenvolvimento integrado da Universidade de Estudos de Desenvolvimento, Tamale, Gana.

Atualmente, é professor adjunto na Faculdade de Gestão de Energia da Universidade Blue Crest em Accra, no Gana.

**Informações de contacto**:

Correio eletrónico: tkansuk@gmail.com

Telefone: +233502314928 /+233245189297

# I want morebooks!

Buy your books fast and straightforward online - at one of world's fastest growing online book stores! Environmentally sound due to Print-on-Demand technologies.

Buy your books online at
## www.morebooks.shop

Compre os seus livros mais rápido e diretamente na internet, em uma das livrarias on-line com o maior crescimento no mundo! Produção que protege o meio ambiente através das tecnologias de impressão sob demanda.

Compre os seus livros on-line em
## www.morebooks.shop

Printed by Books on Demand GmbH, Norderstedt / Germany